启 扬◎著

减压 其实 很简单

How to Deal with Pressure

社会科学文献出版社
SOCIAL SCIENCES ACADEMIC PRESS (CHINA)

图书在版编目(CIP)数据

减压其实很简单/启扬著.—北京：社会科学文献出版社，2011.9
ISBN 978-7-5097-2640-2

Ⅰ.①减… Ⅱ.①启… Ⅲ.①压抑（心理学）—通俗读物 Ⅳ.①B842.6-49

中国版本图书馆CIP数据核字（2011）第161874号

减压其实很简单

著　　者／	启　扬
出 版 人／	谢寿光
总 编 辑／	邹东涛
出 版 者／	社会科学文献出版社
地　　址／	北京市西城区北三环中路甲29号院3号楼华龙大厦
邮政编码／	100029
责任部门／	电子音像策划编辑部（010）59367106　责任编辑／马晓星
电子信箱／	dzyx@ssap.cn　责任校对／刘玉涛
项目策划／	彭骥鸣　曾建洪　责任印制／岳　阳
项目统筹／	孙元明　谢　安
设计制作／	3A 设计艺术工作室　马　宁
摄　　影／	袁效辉
总 经 销／	社会科学文献出版社上海运营中心（021）38840008
读者服务／	读者服务中心（010）59367028
印　　装／	江苏扬州江扬印务有限公司　印　张／3
开　　本／	889mm×1194mm　1/32　字　数／55千字
版　　次／	2011年9月第1版
印　　次／	2011年9月第1次印刷
书　　号／	ISBN 978-7-5097-2640-2
定　　价／	13.00元

本书如有破损、缺页、装订错误，请与本社读者服务中心联系更换
▲ 版权所有 翻印必究

过度压力有可能导致：

　　工作效率下降，人际关系紧张，身心健康受损，情绪低落、焦灼、压抑、躁狂……

掌握有效的减压方法有助于：

　　调适心态，接受现实，提高工作效率，融洽人际关系，不推诿、不抱怨……心情愉快地工作、生活……

目录 CONTENTS

- 07 一 了解压力真相
- 13 二 检测压力状况
- 21 三 描述压力表现
- 24 四 制定减压目标
- 27 五 形成正确理念
- 39 六 运用减压技术
- 68 七 应对压力事件
- 79 八 减压生活方式
- 93 后记

一　了解压力真相

任何令个体紧张的刺激都可称为压力。

压力并非全然是坏事。著名心理学家罗伯尔说："压力如同一把刀，它可以为我们所用，也可以把我们割伤。那要看你握住的是刀刃还是刀柄。"

过度压力　不良状态
适度压力　良好状态
过低压力　不良状态

减压 其实很简单

过度压力

- 工作效率与效益下降，失误增加。
- 人际关系紧张。
- 职业倦怠倾向严重。
- 导致高血压和心脏病。
- 消化系统紊乱，时有疲劳感。
- 产生愤怒、焦虑、抑郁等负面情绪。
- 破坏家庭和谐氛围。
- ……

一　了解压力真相

适度压力

- 有助于提高警觉性、增强活力。
- 有助于提升人的适应能力。
- 有助于开发潜能。
- 有助于保持年轻状态。
- 压力也是个人价值的标记。

　　……

减压其实很简单

过低压力

- 生活沉闷，缺乏活力。
- 进取心不足，潜能难以释放。
- 零压力则是白痴的典型特征。
- ……

高血压不好　低血压也不好　没血压就玩完了
我们需要有适度的血压　我们也需要有适度的压力

一　了解压力真相

压力还有真伪之分。

大多数人都认为压力是外部的客观存在，其实，相当一部分属于"人为"制造。前者是"真压力"，后者则是"伪压力"。

真压力

- 物理环境恶劣。
- 信息泛滥。
- 不可抗力，如地震、水灾、火灾等。
- 工作量太大、时间太长、责任过重。
- 重大社会变故。
- 家庭成员长期冲突。
- 生活变化，如疾病、离婚、失业。
  ……

减压 其实很简单

伪压力

- 不合理的信念。
- 心态不端正。
- 不良生活习惯。
- 错误减压方式（如酗酒等）。
- ……

二 检测压力状况

不是所有的人都需要减压，也不是所有需要减压的人都应采取同样的方式、同样的力度去减压。准确地了解自己的压力状况，可为减压行为提供科学的依据。

心理压力 (PSTR) 自测 [①]

请逐条仔细考虑下列各项目，看它究竟在多大程度上适合你，然后按照具体发生的频率对每个项目作出评分，再将评分加总。

[①] PSTR 即心理身体紧张松弛测试表，系由国际压力与紧张控制学会 J. M. Wallace 研究开发的压力测试表。

减压 其实很简单

总是—4分，经常—3分，有时—2分，
很少—1分，从未—0分

（1）我为背痛所苦。
（2）我的睡眠不稳定，而且睡不安稳。
（3）我有头痛的毛病。
（4）我下颚疼痛。
（5）若需等候，我会感到不安。
（6）我感觉后颈疼痛。
（7）我比少数人更加神经紧张。
（8）我入睡有困难。
（9）我的头部感到紧痛。
（10）我的胃不好。
（11）我对自己缺乏信心。
（12）我有时对自己说话。
（13）我担忧财务状况。
（14）与人见面时，我会窘迫局促。
（15）我害怕发生可怕的事。
（16）白天我觉得疲累。
（17）下午时我感到喉咙痛，但并不是因为得了感冒。
（18）我心里不安，无法静坐。

二 检测压力状况

（19）我感到口干舌燥。

（20）我心脏有病。

（21）我觉得自己不怎么有用。

（22）我吸烟。

（23）我独自一人时会不舒服。

（24）我觉得自己不快乐。

（25）我流汗。

（26）我喝酒。

（27）我很自觉。

（28）我觉得自己像要四分五裂了。

（29）我的眼睛酸胀疲累。

（30）我的腿部或脚部抽筋。

（31）我的心跳过快。

（32）我怕结识他人。

（33）我的手脚冰凉。

（34）我患有便秘。

（35）我未经医师指示就使用各种药物。

（36）我发现自己很容易哭。

（37）我消化不良。

（38）我啃指甲。

总是—4分，经常—3分，有时—2分，很少—1分，从未—0分

减压 其实
很简单

（39）我耳中有嗡嗡的声音。

（40）我小便频繁。

（41）我有胃溃疡。

（42）我有皮肤方面的病症。

（43）我感觉喉咙很紧。

（44）我有十二指肠溃疡。

（45）我担心我的工作。

（46）我口腔溃烂。

（47）我为琐事感到忧虑。

（48）我呼吸又浅又急促。

（49）我觉得胸部紧迫。

（50）我发现很难做出决定。

你的得分 _____

总是—4分，经常—3分，有时—2分，很少—1分，从未—0分

二 检测压力状况

得分与压力程度对照表

分数	PSTR 压力程度分析
93 及以上	这个分数表示你确实有极度的压力反应,并且已经在伤害健康了。你需要得到专业心理治疗师的建议,他可以帮助你减轻你对于压力器的知觉,并帮助你改善生活的品质。
82～92	这个分数表示你正经历着过重的压力,而且这正在损害你的健康,你的人际关系也因此产生问题。你的行为会伤害自己,也可能会影响其他人。所以对你而言,学习如何减轻自己的压力反应很重要。你可能需要花很多时间做练习,来学习控制压力,当然也可以寻求专家的帮助。

分数	PSTR 压力程度分析
71 ~ 81	这个分数显示你的压力程度为中等，可能正开始对健康产生负面影响。你可以仔细反思自己对压力器是如何做出反应的，并学习在压力器出现时，控制自己肌肉紧张的情况，从而消除生理激活反应。好的老师会对你有帮助，也可以选用合适的放松录音带。
60 ~ 70	这个分数代表你的生活中的兴奋与压力量可能是相当适中的。偶尔也会有一段时间压力太大，但你可能能够享受压力，并且很快地回到平静状态，因此对你的健康并不会造成威胁。当然，做一些松弛的练习仍是有益的。
49 ~ 59	这个分数表示你可以控制自己的压力反应。你是一个相当放松的人。也许你对于所遇到的各种压力器，并没有将其视为威胁；所以你很容易与人相处，可以毫无惧怕地承担工作，也没有失去自信。

二 检测压力状况

分数	PSTR 压力程度分析
38～48	这个分数表示对于所遭遇的压力你很不易受到影响,甚至是不放在心上,就像没有发生过一样。这对你的健康自然不会有什么负面的影响,但你的生活会因此缺乏适度的兴奋,趣味也就很有限了。
27～37	这个分数表示你的生活可能是相当沉闷的,即使发生了有趣或刺激的事情,你也很少有反应。可能你必须参与更多的娱乐活动或社会活动,以增强你的压力激活反应。
16～26	如果你的分数处于这个分数段内,某种程度上意味着你在生活中所经历的压力经验不够,或是你并没有正确地分析自己。你最好主动起来,在工作、交流、娱乐等方面多寻求些刺激。做松弛练习对你没有什么用,但寻求一些辅导也许会有帮助。

得分在 93 以上者，通常已经表现出或潜在具有这样那样的心理疾病，需要得到专业心理咨询工作者的个别指导。本书所提供的理念与技术可起到良好的辅助作用。

得分在 82～92、71～81、60～70 三个区间的人，有着不同程度的过度压力，需要进行调节。本书所提供的理念与技术可能是最适用也是最有效的。

得分在 49～59、38～48 两个区间的人，压力状况良好。本书提供的技术有助于保持良好的身心状态、开发潜能。

得分在 27～37、16～26 两个区间的人，压力感不足。请注意，这不是什么好事。它说明你的生活相当沉闷，并且个人也缺乏进取心。

三　描述压力表现

以书面方式把有关压力的自我感觉、情绪表现、行为反应描述出来，并加以分析。目的如下：

- 清晰展示种种压力表现，以便于在后继的行动中采取有针对性的措施。
- 描述、分析的过程就是一种很好的减压方式。

自我感觉

例：我对任何事情都感到乏味。

（1）_____
（2）_____
（3）_____
（4）_____
（5）_____
（6）_____

减压 其实
很简单

情绪表现

例：一件鸡毛蒜皮的小事也会令我勃然大怒。

（1）_____
（2）_____
（3）_____
（4）_____
（5）_____
（6）_____

三 描述压力表现

行为反应

例：不能集中精力专心做事。

（1）_____
（2）_____
（3）_____
（4）_____
（5）_____
（6）_____

分析——造成压力过大的主、客观原因

例：工作繁忙，作息时间不规律。

例：期望值太高，总是不能实现。

（1）_____
（2）_____
（3）_____
（4）_____
（5）_____
（6）_____

四 制定减压目标

总体目标
- 切割伪压力。
- 缓解真压力。
- 保持适度压力。
- 释放人生活力。

四 制定减压目标

具体目标

根据自己的特定状态、特定问题提出个人减压目标。

设定自己意想中的理想状态。

例：我想更加得心应手地驾驭工作和生活。

（1）_____
（2）_____
（3）_____
（4）_____
（5）_____
（6）_____

阶段性目标

在 ___ 年 ___ 月 ___ 日前，我将达到 _____ 状态。

在 ___ 年 ___ 月 ___ 日前，我将达到 _____ 状态。

在 ___ 年 ___ 月 ___ 日前，我将达到 _____ 状态。

减压其实很简单

目标实现后的自我奖赏

例：给自己买一件漂亮的衣服。

（1）_____
（2）_____
（3）_____
（4）_____

压力
- 事件
- 理念
- 技术
- 生活

行动方案

形成正确理念：看世界的眼光端正了，许多事情也就释然了。

运用减压技术：相信科技的力量！

应对压力事件：活干好了，有的只是成就感而不是压力感。

减压生活方式：享受生活，人生化茧而成蝶。

五　形成正确理念

同样的外部压力，人们的感受却大相径庭，根本原因在于理念上的差异。"重要的不是世界给予你什么，而是你如何看待这个世界。"

理念正确了，压力感就会消失许多。

与其祈祷压力性事件不发生在自己身上，倒不如调整自己的理念，冷静、客观地看待世界！如此这般，伪压力可得到部分切割，真压力也能得到有效缓解。

坦诚接受自己

"我"一定是有所能有所不能。是"能"的，就干，并干好。是"不能"的，就见风转舵。

"我"有优点与长处，也有不足与缺点，有些不足与缺点甚至令自己很难接受。虽然可以通过努力得到改变，但在改变前你得承认这是必须接受的事实。还有些不足与缺点根本无法改变。比如说个子长得矮，这属于"自然灾害"，怎么努力也没用；再

减压其实很简单

比如年龄大了，会发胖，身体机能下降，也只能接受它，因为生命的进程不可逆。

"我"在生活中不管取得了多少成功，都必定会遇到失败与挫折。不要把自己定位于无所不能，更不能认为自己是常胜将军。如此想来，在遇到失败与挫折时，就会少几分压力，多几分淡定。

"我"的确要积极进取，但永远记住要保持一颗平常心。把目标定得高不可攀，就是自己与自己过不去。凡事量力而行，随时调整目标未必是弱者的表现。

分辨可控与不可控

遇到棘手的事，首先要做的是分辨：这件事是你能控制、能解决的，还是你不能控制、不能解决的？

是你能控制并能解决的，那就去做，扎扎实实地去做。事情做好了，压力也就消失了。

是你不能控制、不能

五　形成正确理念

解决的，就要看是哪一种情况了。能力所不及的，要不提高自己的能力，要不调整自己的工作岗位。权限所不及的，只能向上司报告实际情况，由上司来处理。这样的事情，千万别揽在手上。充好汉硬撑着做，最后又解决不了问题或不能很好地解决问题，还不汇报，上司不骂你才怪呢！

有些事情我们根本无能为力，对于这样的事情，就不要去杞人忧天了。

记住，在许多情况下，你不能控制事件，你能控制的是对事件的反应。

少些顾影自怜

人类常犯的一个错误就是把自己的痛苦看成世界上最大的痛苦，把自己的不幸当成最大的不幸。

我们肯定有压力，但人人都有压力，而且有人压力比我们大得多。我们有烦恼，但世界上人人都有烦恼（白痴除外），而且比我们烦恼大、比我们烦恼多的人数不胜数。我们可能为升迁而感受到压力，可还有人为生计在操心呢！

一个光脚的人在街上看到有人穿着皮鞋，心里很不是滋味；掉头一看，有个人没有双腿，心里立刻舒服多了。

别太娇惯自己。这么想、这么做其实对自己不好。

减压其实很简单

不要追求完美

完美是一种理想境界，可以接近，但不可能达到。

仔细想想，世界上哪件事是完美的呢？没有，过去没有，现在没有，将来也没有。我们凡人没有，那些精英也没有。

职场中有些"野心勃勃"的人，恨不能一步登天，希望自己做的每一件事，甚至每一件事的每一个细节都十分完美，以使自己尽快晋升、尽快成功。于是，心态不免焦灼，压力接踵而至，这种焦灼的心态加上沉重的压力常导致欲速则不达、欲完美却纰漏多多的窘境，这又会招来更大的压力感。

工作有成效，达到预期目的，那就足够了。追求完美，就是自寻烦恼，自讨没趣！

五　形成正确理念

珍惜拥有

人啊人，总认为碗里的饭菜味同嚼蜡，锅里的东西无比鲜美。古人早就说过："妻不如妾，妾不如妓，妓不如偷，偷不如偷不到。"

武则天年迈时对身边的一个宫女说："我愿意拿自己的全部权力与财富换取你的年轻。"估计那个宫女肯定想不通。

珍惜现在所拥有的，感谢上苍所给予的一切。细细品味其中的滋味，幸福感便会油然而生，心态就会得以平衡。

一个可能的晋升机会没有得到，这绝不是什么世界末日。我们不是有一个很温馨的家庭吗？不是有一个很可爱的孩子吗？职务没有上去，责任也没有上去；也不用老是出差、开会，生活不是很惬意吗？珍惜这一切，充分享受这一切，并非不是一个生活的成功者。

学会放弃

生活中，大部分人心里都在想如何更多地"拥有"，如面子、金钱、地位、权力、信任、知识、经验、能力、学历、人脉。一样都不能少，通吃最好。

结果是想拥有的越多，心理包袱就越大、越重。其实，我们可以放弃一些。拥有得太多，不也累得慌吗？更进一步说，不是我们一定要放弃，而是在得到的同时必然要有所放弃。"通吃"

减压其实很简单

是一种美好的愿望，不是客观的现实。

如果你要见识世界，就要背井离乡；

如果你想成为明星，私生活就再也休想得到保密；

如果你想在公司得到升迁，就得比别人干得更多、干得更好；

如果你什么也不想干，就得远离许多物质生活的享受，因为社会只能为你提供最低生活保障；

拥有一些对我们来说最重要、最必要的，放弃一些对我们来说不那么重要、不那么必要的，就会轻松许多。

克服畏惧

畏惧心理深层次的原因在于潜意识中对自我的不信任，也就是中国人常挂在嘴边的一句话——"我不行"。

我们应当时时告诉自己：

我不可能什么都行，也不可能什么都不行，在特定的领域里、

五　形成正确理念

特定的时间内、特定的条件下，我就行，比任何人都行。

我到底行不行，只有试过了才知道。

我这一次不行，并不意味着我下一次不行，更不意味着我永远不行。

我现在不行，并不是因为我的潜能不行，而是由于努力不够。坚持下去，继续努力，我就能行。

上帝给予我们的时间与智慧足够我们成就一番事业，完全可以有很大的作为：一切皆有可能！

我行我素

凡事不能都听别人的，我们要做自己的主人。

确立自己的生活目标，选择自己的行为方式，为自己而不是为别人而活着。有了这样的心态，烦恼至少会消失一半。想一想吧，人们的许多压力、许多忧虑不就是来自对他人闲言碎语的过度重视吗？别人一说了之，早就把这茬事给忘了，而你却耿耿于怀，时不时地拿来折磨自己，这么做，值吗？

我行我素也不是拒绝所有的声音、所有的劝告。对于来自外部世界的声音，要倾听、要认真倾听，但不是全听，更不是盲目地全信。要经过自己的脑袋去思考，然后，所有的决定还必须由"我"做出。

33

减压其实很简单

理性归因

归因就是在事情的结果出来之后，去寻找自己或他人之所以取得成功或遭受失败的原因。所有的人都曾千百次地做过这样的事。

但人们的归因常常出错。

一个最常见、最典型的归因错误就是把自己的成功看做是由主观因素决定的；把自己的失败看做是由客观因素决定的；把别人的成功看做是由客观因素决定的，把别人的失败看做是由主观因素决定的。

当失败不期而至、沉重的压力袭来之时，不要总是往环境方面推，往别人身上赖，看看自己有什么做得不对、想得不对的地方。一定有！改进自己，才能由失败转为成功，才能从根本上彻底缓解沉重的压力！

学点阿Q

俗话说："人生三件宝，丑妻、薄地、破棉袄。"谁愿意老婆丑、土地不肥沃、棉袄破？没办法，既然摊上了，就接受吧。再找出它的一些好处来，聊以自慰。

把得不到的东西说成是不好的，把得到的

五　形成正确理念

东西看做是美好的、符合自己意愿的，由此来减轻内心的失望与痛苦，心理学中称之为"合理化机制"。当个人遭受挫折、无法达到目标时，给自己杜撰一些有利的理由来解释。虽然这些理由大多不正确、不客观、不合逻辑，但本人却以这些理由来安慰、说服自己，从而避免心理上的苦恼，减少失望情绪，缓解压力感。

生活中必须无可奈何地接受一些现实，有必要学点阿Q。

别和他人瞎较劲

不要时时处处与别人比，尤其是不要拿自己的短处与别人的长处比。如果你总是这样，那就惨了。试想，让我们与姚明比身高，就是侏儒；与比尔·盖茨比财富，就是乞丐；与爱因斯坦比智慧，近乎弱智；与贝克汉姆比长相，只能与卡西莫多做兄弟了。

其实，你把这些人的另一面与你比，就会发现许多地方他们不如你。譬如：姚明不能自由地逛街；比尔·盖茨的胃口不好；爱因斯坦的英语水平始终不怎么样；贝克汉姆要与情人幽会难度比你大得多。如果这么想，是否有种

减压其实很简单

释然的感觉？

别一个劲地羡慕别人，没准别人也在羡慕你呢！

顺应环境

环境中肯定有许多不如意、不舒适、不公平、不合理、不习惯、不适应、不近人情之处。但对于个体来说，这是不可更改的事实。

与环境不和谐时，有以下四种选择：

其一，骂！但骂完以后呢？该面对什么，还得面对什么，一切都不会因为你骂过而有所改变。

其二，不骂别人，跟自己过不去。无力与环境抗争，就自己生闷气。久而久之，郁结在心底的心理能量演化为形形色色的心理疾病。

其三，努力改变环境。这是最理想的一种状态，但想要在短时间内改变环境，难于上青天。

其四，顺应环境。既然面对，就必须承受，就去努力适应它。我们只能入乡随俗，而不可能让乡俗随我。禅宗有言，大意是"山不向我走来，我向山走去"。这是一种最好的、最可行的选择。

这是一个适者生存的世界，至少是适者生存得更好、占有更多资源的世界。

如果环境很好，应该感谢上苍，感谢它赐予我们一个良好的

五　形成正确理念

生存环境。

如果环境不好，还得感谢上苍，感谢它赐予我们一个磨砺意志、锻炼心理的机会：这样恶劣的环境都能坚持下来，今后还有什么样的环境不能应对？

如果环境恶劣，我们得看看周边的人，他们在这个环境中生存得如何？如果他们活得挺滋润，就该反省自己：究竟是环境恶劣，还是自身生存能力、适应能力不强？

熟悉了的环境也会发生变化。变化是这个世界运行的常态，它不以人的意志为转移。如果变化无可避免，与其消极抵抗，不如积极迎接改变，从变化中分得一杯羹。抗拒那不可逆转的变化，当然会压力重重。

理性看工作

听说过有关工作的2∶8现象吗？在人的一生中，自己愿意干、想干、喜欢干的事大约占20%，不想干、不愿干而且又必须干、必须干好的占80%。

这就是生活！

如果认识到人生在世，就必须

减压其实很简单

要干许多不想干、不愿干而又必须干、必须干好的事，你的心态是否会好一些？你心里的压力感是否得到了一些释放？

还有一种天真的幻想：如果把我的工作量减小一些，责任减少一些，我就不会有那么大压力了。

错！这种"减小"与"减少"必定会牺牲个人社会价值与市场价值，你会感受到另一种更大的压力。

最好的状态应是压力得到缓解，身心感到愉悦，潜能不断释放，工作效率与效益得以提高。这应是我们追求的目标，也是在科学方法的帮助下完全可能实现的愿景。

六　运用减压技术

这里推荐一种整合了腹式呼吸、放松训练、自律训练与自我催眠四种疗法，以放松与暗示为主要手段的减压技术。我们将之命名为"放松暗示减压技术"。

主要特点是：
- 效果直接、显著，感觉良好、有益身心。
- 省时，每次不超过 20 分钟。
- 方便，熟练后任何时间、地点都能进行。
- 经济，无须任何花费。
- 无副作用，无心理障碍。

减压 其实
很简单

整套减压技术由七个部分组成：

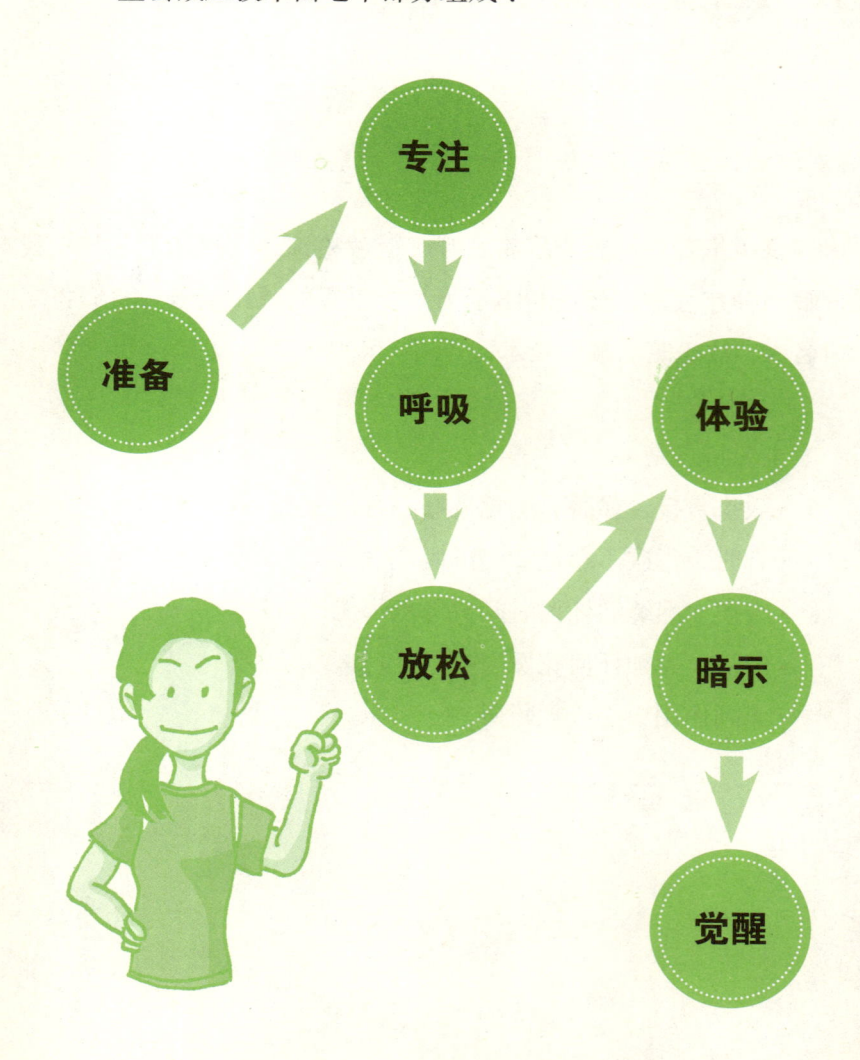

```
        专注
         ↓
 准备 →  呼吸      体验
         ↓         ↑ ↓
        放松  →   暗示
                   ↓
                  觉醒
```

40

六　运用减压技术

准备

一间安静的、温度与光线适宜的房间（熟练后室外亦可）。

有 20 分钟的闲暇时间（熟练后只需 8～10 分钟）。

不要被人打扰（包括电话）。

进入状态的技术熟练后，每次确定好要解决的具体问题。

根据可能与喜好，可在两种姿势中选择一种。

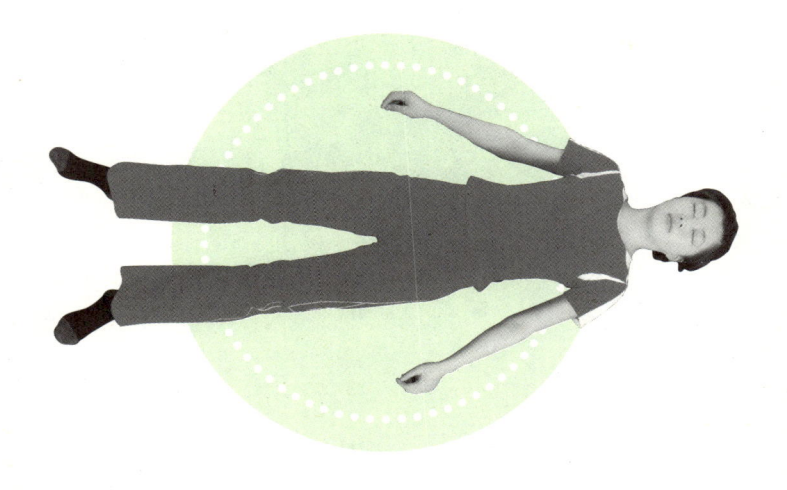

卧姿

- 准备一张柔软的垫子。
- 换上一套宽松的睡衣。

减压 其实很简单

坐姿
- 双脚能够着地。
- 以自己感到最舒适的姿势靠在椅背上。

专注
- 在视水平线以上确定某一物体或斑点（墙上的一个标记、叶片的末端、某个图片的一部分等）。
- 将所有的注意力都集中到这一点上。
- 渐渐感到眼皮眨动，眼睛有点湿。双眼感到疲劳和沉重……
- 眼睛自然地闭上……

六 运用减压技术

呼吸

吸气

- 把一只手放在肚皮上,大拇指放在肚脐眼处。
- 用鼻子深深地吸一口气,同时默数三下:1……2……3……感受腹部在微微抬高。
- 屏住呼吸,同时默数三下:1……2……3……

减压 其实很简单

呼气

- 用嘴巴缓缓吐气,比吸气时的速度慢一倍,默数六下:1……2……3……4……5……6……

- 感受腹部降低,空气从肺部排出。呼气时,在心中默默重复"释放压力(或烦恼)"。

- 停顿,默数四下:1……2……3……4……

- 从头再来,约4~5次。

- 感受自己的呼吸变得深而慢,脑海中出现身体随着呼吸缓慢起伏的样子,仿佛有一种全身都在进行呼吸的感觉。身体宛如漂浮在轻波柔浪之中,静静地做前后左右的摇荡,精神上感到十分轻松爽快。

六 运用减压技术

放松

肩部放松

• 用力耸起肩膀，向双耳靠拢，收缩脖子后部、背部和肩膀上的肌肉。保持这个姿势。深吸一口气……

• 屏住呼吸……保持紧张……把注意力集中到肩部的紧张上……收集起来……想象你正肩负着所有的任务和压力……

减压 其实很简单

- 呼气……将吸入的空气彻底呼出，双肩突然放松……同时心中默念：释放紧张……释放压力……释放疼痛……释放困扰……

- 重复一次。

- 体验肩部放松后的舒适感觉，想象一下你正为一艘船起锚，或是脱去一件被雨水淋透的外衣。

六 运用减压技术

手臂放松

- 双手同时握拳……紧紧握住……深吸一口气……保持住……就像手中攥着某个东西那样。确信自己将手握到了最紧……保持手指紧紧合并的握拳的姿势……感受到其中所有紧张……用尽全身的力气尽量握紧。
- 慢慢地把手打开……手指往外伸展……同时缓缓呼气……
- 手臂僵直,举在胸前,吸气,屏住呼吸,并保持这种紧张感。感受二头肌、三头肌、前臂……正充斥着紧张……

开始呼气,同时手臂突然放松……释放紧张、压力……让它们随风飘散……

- 重复一次。
- 心中默念:手臂沉重……手臂沉重……体验放松后手臂慵懒倦怠状的重感……

减压其实很简单

- 沉重感获得后,心中默念:手臂渐渐发热……手臂渐渐发热……感受手臂沉重后的舒适的感觉……

　　手臂愈来愈重……愈来愈热……压力如同融化的蜡一样,顺着手臂、手掌、指尖流出去……

六 运用减压技术

双腿放松

• 将脚趾往下蜷起,蜷得越紧越好。绷紧小腿肚和大腿的肌肉,使其达到最大限度的僵硬。深深地吸气,屏住呼吸的同时保持肌肉紧张……

• 缓慢地呼气,缓慢地放松脚趾,放松小腿肚和大腿的肌肉,感受双脚和双腿中的紧张与压力被慢慢地释放……

减压 其实 很简单

- 重复一次。
- 再次深呼吸。把双腿想象成两大块浸透了水的布，潮湿而松软。有点重，但很舒适……
- 双腿也渐渐开始发热了，热乎乎的。压力和疲劳沿着双腿流出体外，如同热糖浆从药瓶中淌出……

六 运用减压技术

背部放松

• 绷紧背部，用足力气，弓成一个空心交叉的姿势。同时深吸一口气，保持这种紧张姿势。

• 将注意力集中于背部肌肉，感受背部肌肉的紧张……酸痛……疲惫……

减压 其实很简单

- 突然松开紧张，背部与垫子（椅子）相碰触。
- 缓缓地呼气，想象本来紧绷着的身体像一根突然松开的琴弦……全身软软地瘫在垫子（椅子）上，压力被一点一点地从背部挤了出去……

六　运用减压技术

胸部放松

- 用力扩展你的上半身,深吸一口气,把空气吸入你的胸腔,整个人体好像得到了扩张,保持这种紧张。
- 突然松开紧张。
- 缓缓地呼气。

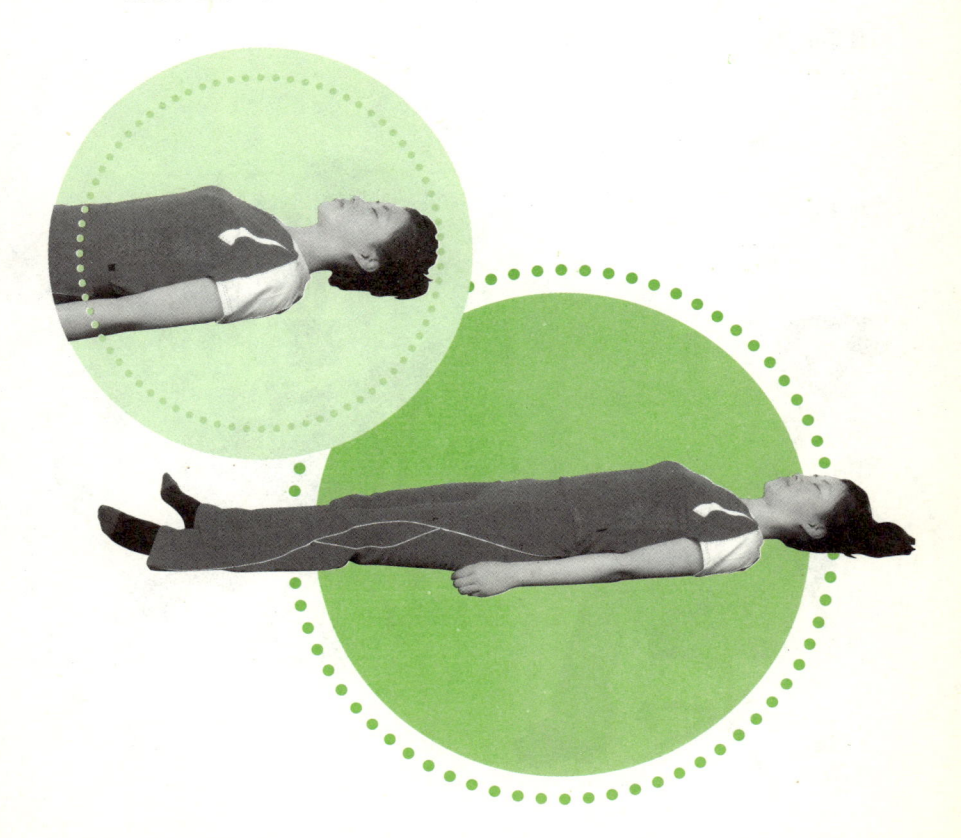

减压 其实很简单

•感觉心跳变慢了……血压规律了……身心都比以前更轻松了……

•在脑海中浮现心脏正在跳动的模样,"扑通、扑通"的跳动会通过你的右手传达到全身。如同荡漾于涟漪之中的一叶小舟,在愉快的律动中舒适地摇摆。所有的紧张与压力都成了盘子中的酒精,慢慢地蒸发和消失掉了……

六 运用减压技术

体验

我身体的各部位都已经放松了,现在我要享受这放松后宁静而舒适的感觉……

再做三四次彻底的深呼吸……每次吸气时能将新鲜的空气带进身体,每次呼气时能将用过的空气排出身体。就像一只风箱……吹着健康的风……

每一口呼出的气都能带走体内的压力……带走担忧……带走不适。就像一只正在煮着水的茶壶,蒸汽从茶壶中跑出来,释放了壶中的压力……

我能感受到身体上的肌肉在放松……这种感觉从头部往下扩散……到达脸……到达肩膀……到达手臂……到达胸部……遍及整个背部……

脑海中出现一幅画面:我能看见自己正站在楼梯的顶端,感受周围的气味和声音,如鸟语花香……如果我听到车驶过或飞机从头顶飞过……我知道自己可以把所有的紧张……所有的压力都装进手提箱或包裹,扔到汽车或飞机上。当它们的声音渐渐远去……我知道自己的紧张和压力也随之远去了。

马上我要下楼梯了,它也许有10层台阶……当我往下走的时候,我会数出每一层台阶。每下一层台阶,我将感到更加放松……更加舒服……

减压其实很简单

　　我准备好要开始了。我现在头脑很清楚，我可以看见或感觉到那个楼梯，感觉到每层台阶……我准备好了。

　　10……从楼梯上走下的第一步。我很惊喜地发现自己摆脱了不少紧张。就像任何一次旅途中迈出的第一步……第一步通常是很重要的……放松。

　　9……第二步，我能感觉到自己好像在舒适、晴朗的天气里散步。我走得越远、下的台阶越多，感觉就越舒服，离烦恼和担忧也越远。

　　8……紧绷的感觉慢慢变得松懈，温暖和凉爽取代了它们。

　　7……我还能看见许多色彩。也许是楼梯或墙壁的颜色……

六　运用减压技术

或者是天空，是墙上图画的颜色。灰色能带来一阵凉爽的风，吹遍我的全身……明亮的蓝色带给我阳光直射时的温暖。

6……我下到楼梯的一半了。我看到了绿色，就像室外的草坪。看到大红色、粉红色或黄色、金色、棕色，甚至是黑色或白色，这些颜色交织在一起或清晰地分开……像是从万花筒中看到的画面，在深度放松中，我看到色彩缤纷的彩虹……帆船或小艇……油画……气球。

5……随着我继续往下走，放松的感觉传遍了全身……如此地舒服，如此地安全，我正在享受这种体验……我知道我可以到自己向往的任何地方游玩……

4……感到越来越放松。

3……下到楼梯的一个新高度。我能感到身体的温暖，或者是凉爽。整个人仿佛置身于一幅油画，或某个景点……

2……快要到了。

1……我感到了深度的放松……我已经到达了宁静平和的境界。我的手臂变得越来越轻，好像要飘起来了……就像一片树叶……我可以肯定地说：我正在进行积极的改变！

说明：这里提供的是一个"体验"脚本，读者可根据自己的感受、自己熟悉的情境进行改编。

减压其实很简单

暗示

影响人们心理与行为的，不仅有意识，还有潜意识。潜意识看不见、摸不着，但在对人的心理与行为的影响方面却起到决定性作用。

在放松的状态下进行暗示，可以更有效地干预人的意识，尤其是潜意识，进而有效地调节人的心理状态与行为表现。

以下暗示，均在上述体验实现后使用。

针对特定问题的暗示

如果你仅是一般性地感到压力有些大，请跳过这一段，继续进行下一步的操作。

如果压力已给你带来了心理与行为问题，可在体验之后对自己进行解决特定问题的暗示。下面提供若干特定问题的暗示脚本，可以直接使用，也可以根据自己的情况改编后使用。

A 过度疲劳

我感到头顶有一股暖流在涌动，头皮在发热，非常舒服……
这股暖流开始往下流淌，面部肌肉也开始微微有点发热，面

六 运用减压技术

部肌肉愈来愈放松，眼皮沉重，不想睁开，闭上眼睛十分舒服，且让我感到格外的轻松。

暖流到达了肩部，肩部开始放松了……肩部肌肉放松以后，好像从肩上卸下一副重担，平时所承载的太多的紧张与压力统统卸了下来。

疲劳正一点一点地离我而去，就是这种感觉！

暖流继续往下，到达了我的右臂、右手……又流到了我的左臂、左手……我的双臂，我的双手现在愈来愈沉重了……暖流到达了我的胸部，胸部感到暖洋洋的，又从胸部到达了我的背部，背部的肌肉也放松了，整个人都完全实实在在地躺在床上（椅子上），不想动，一点都不想动，只是在静静地享受这舒服的感觉……疲劳正在离我而去，充足的能量又重新回到我的体内，是这样的，我能感觉到！

B　失眠

我躺在床上，体验到久违的放松和舒适……身体仿佛躺在云端，轻飘飘地没有重量，心情非常愉悦……这种感觉让我回想起上次旅游时，在美丽的景区度过的一个非

减压 其实 很简单

常宁静安详的夜晚,那晚我睡得很深很甜,就像现在一样……我要记住这种感觉,当我再次躺到床上的时候,我会马上回想起那个美丽的夜晚,像那天一样心情愉快地进入梦乡……

专家说,睡前喝杯牛奶有助睡眠。今晚我就这样做。现在,我想象香醇的牛奶顺着我的喉咙缓缓滑下,胃里暖暖的,全身软软的,感觉血管里的血液像牛奶般在缓缓流动,我渐渐想睡了……是的,今后当我喝完一杯牛奶之后,我会重新体验到现在的感觉,睡得又香又甜……

C 职业冷漠

(以医生为例)外界一切的嘈杂声、工作的压力和负担渐渐地离我远去……我越来越沉浸到自己的世界中,宛如一片树叶静静地、缓慢地飘落到了碧绿的湖心。

我体验到了久违的愉悦,这和平日里口罩之后的冷漠很不一样。我仿佛回到了刚刚入职的那一天,实习转正的那一刻……第一次手术时的忐忑、谨慎;第一次眼见病人的离世,跟着家属一起伤心;第一次见证生命诞生,跟着新父母一起欢呼;电话24小时开机,为了病患随时待命……

现在就给自己安排一个小小的计划表,一步一步,逐渐地改变现在的情况。在接下来的一周里,我将更加热心、具体地给前

六 运用减压技术

来咨询的病人提供帮助;第二周里,巡视病房的过程中,我将微笑着和每一个病人打招呼;第三周里,在治疗的过程中,我将宽慰饱受煎熬的病患和家属,减少他们不必要的担忧和焦虑……

冷漠会渐行渐远,热情与激情在我心底重新迸发……

D 怯场

现在,我已经进入彻底放松的状态了……感觉自己像躺在云彩上飘浮,渐渐地思绪越飘越远……

我看到自己坐在考场里……开始心跳加速了,手心冒出细密的汗珠,握笔的右手也紧张得微微颤抖……这时我对自己说,放松,深呼吸……深深地吸了一口清凉的空气,然后慢慢地吐气,

减压 其实很简单

感觉身体渐渐地放松下来,手不再颤抖了,冷汗也渐渐消退……我听到心脏有力而有节奏地跳动着,仿佛在不断重复说,我能行、我能行、我能行……

监考老师开始发试卷了,我接过试卷,看到周围同事都是一副从容不迫、沉着冷静的神情……恩,我也能做到……我感到思维异常活跃,记忆清晰,所有复习过的知识都在脑海中有条理地一一呈现,这让我信心倍增……

好，现在我开始答题了，我忘记了对考试的恐惧，注意力高度集中在试题上……做得很顺利……交卷的铃声响了，我面带微笑，将试卷交给监考老师，走出考场，心情非常轻松，对考试结果充满信心……

E　疑病

现在，我感到舒适与安逸……身体很轻松，呼吸很缓慢、很均匀……

我好像来到一个深邃潮湿的岩洞，听到水流缓缓流淌的声音，惊奇地发现这里有平滑光洁的甚至泛着光泽的岩石……哦，我知道了，这就是我的身体内部啊……原来我的身体是这样的干净，这样的健康……其实，所有的检查结果都证实了这一点……医生说我没有疾病……我知道他们说的是对的……我以后也会安心了……

过去自己感觉到这儿不舒适那儿不舒适，都是太敏感的缘故……今后不去想它了……

继续往前走，不远处，是一道明媚的光线，穿过岩洞，我来到了一处花园，繁花似锦，小鸟儿围着我轻快地歌唱……潜意识告诉我，身体是健康的，身体内部是干净纯澈的……

F 抑郁

我已经彻底地放松了，所有的注意力都在内心，能够完全地控制自己……

我正走在一条田园小路上，道路两旁的树木郁郁葱葱，星星点点的野花点缀着开放在绿茵茵的草地上。脚步轻盈……边走边唱，声音美妙而动听……

小路的前方有许多的石头，几乎挡住了我的路。我发现每块石头都如同工作中的种种压力或阻碍物，阻挡着我实现事业上的目标……

六 运用减压技术

地上有一把铁铲子。我像超人那样拿起铲子,很快地在路边挖出一个大坑,大得足以将所有的石头都放进去……我很轻松地把石头全部扔到大坑里……

现在,道路被我清扫干净了,所有的压力和烦恼都被埋葬了……做了一下深呼吸,感到一身轻松,因为所有的紧张、压力和烦恼都消失了,我感到了前所未有的放松……

后暗示

后暗示是指练习者在进行放松暗示技术训练时给自己下达的暗示指令,这一指令在训练结束后会引发某一动作或反应。后暗示可以是任何动作、念头、词语、画面或者是事件;关键是你要找到自己熟悉、方便的,与舒适、放松的状态相联系的画面或经历。每次练习时,在脑海中强化这幅画面和放松的体验。

后暗示的功能有二:
一是有助于在以后的训练中迅速进入状态;
二是帮助你在日常生活中应对压力事件。

例如:
只要我做几次深呼吸,我就能获得平静和放松的体验。

减压其实很简单

我只要清清嗓子就能排除干扰。

我调整一下自己的衣帽，注意力就能集中。

我做一下掰直回形针这个动作就能松弛肌肉、消除紧张。

我按摩几下自己的脸，恐惧就不存在了。

我只要一关灯就想睡觉。

我把办公室的一个抽屉腾空，专门放置压力。把不痛快的事写下来，放进去，我的心情就能好许多。

我在冰箱门上贴个红色标签，不是一日三餐时开冰箱门，就会有饱腹感。

……

根据你的情况，发挥你的想象力，你可以创造出属于自己的后暗示方式。再强调一句，这种后暗示非常有效。

觉醒

现在我感到非常放松，非常舒服……眼皮愈来愈重了，不想睁开，也很难睁开……身体其他部分也很重，不想动，但很舒服……这次愉快的放松之旅，让我受益良多……

好的，我马上将把自己叫醒，恢复到清醒状态，并会体验到一种神清气爽、精神振奋的感觉，压力感得到极大的缓解，一定是这样的，不会错的！我将开始数数，从 1 数到 5，当我数到 5

六　运用减压技术

的时候，眼皮会突然睁开，身体的各部分也会突然恢复力量，我将回到清醒状态……现在我开始数数：1……2……3……4……5！

如果是在睡觉前做练习，最后的暗示语改为：现在该睡觉了，我将从10倒数到0，每倒数一个数字，都会下一层台阶，渐渐飘进梦乡，获得整夜的充分休息……

七　应对压力事件

这里列举典型的职场压力事件，并提出应对策略。

业绩不佳

能否保有现在的工作并有所发展不是你说了算，但个人市场价值的保值、增值绝对是你自己可把握的事。

——来自人力资源高管的忠告

业绩不佳，压力肯定大，尤其是在同事、同行都做得不错的时候。

试着问自己六个问题：

我喜欢干这份工作吗？如不喜欢，最好另谋高就。干自己喜欢的事，又干得好，压力也小。

我适合干这份工作吗？有些工作虽喜欢但不一定适合。飞人乔丹一度迷上棒球，但始终达不到专业水准，最后还是回到NBA

七 应对压力事件

赛场。

我的知识结构、能力结构有问题吗？请对照岗位说明书的相关要求，看看哪里有缺陷？可通过培训与自学来弥补。

我的努力、我的投入达到同事、同行的平均水平了吗？如果没有，请加大投入，别指望自己比别人聪明就能偷懒。

我解决问题的思路正确吗？有些人的思路是直线的，不谙变通；他们常受思维定势的影响，不明白条条大路通罗马的道理。尝试一下，换一种思路，可能是迂回，也可能是相反的思路，问题也许就能得到很好地解决。

我有反思的习惯吗？建议在下班的路上，花上十分钟的时间，回顾一天的工作，看看在哪里有做得不妥之处？一定有！再考虑用什么方式来改进，也许改进后效果并不理想，没关系，继续改进，只要每天去反思，一定会做得越来越好。

六问之后，你要做的就是"行动吧"，业绩一定会得以改善，压力一定会得以缓解。

减压 其实**很简单**

事务太多

"我总是在加班,有时要到很晚,基本上每天如此,连周末也不例外。几乎就没有休息的时间,因为我不想被取代,所以我要更努力。"

——职场人士自述

想一想,能不能把某些工作让下属去做?这不是推诿!下属可能很高兴有这样的锻炼机会。

能不能把某些工作让自己的上线、下线或其他支持系统去完成?这不是不负责任,他们做可能更为恰当。

七 应对压力事件

这叫分解压力、传递压力。

看一看，和自己干着同样事情的同事或同行状态如何？如果他们气定神闲，那可能是自己的工作效率有问题。着手评估与改进自己的工作效率，把"无效动作"剔除掉。

假如平时给下属布置工作要花费 15 分钟，今天规定自己在 5 分钟内完成，看看事情的结果有没有差别？

试一试，把要做的事务安排得更为井然有序。

将每天要做的事情逐条写出。

按照重要性排列，并使用 A、B、C 编码。例如 A1、A2、A3。

每天一有新的要做的事情出现就添加进去，做完一件就勾掉一件。

每天定期检查你的清单，如有必要，重新按照重要性编码。

A 项的事情永远是至关重要的；B 项的事情是变迁中的，但永远不应该是长期的任务；C 项的事情不紧急，但也代表了必须要做的事情。如果你的 C 列上的某人打电话给你，那太好了！你可以抓住这个机会，不用另外再费工夫就将事情顺便处理掉。

恪守"今日事，今日毕"的信条。做一件事就把它做完，不要把过多的球抛在空中，空中的球总要掉下来。

减压 其实
很简单

客户抱怨

一遇到客户抱怨，我就慌了。

——职场人士语

　　谁都知道在市场经济时代客户是最得罪不起的。客户抱怨当然会给我们带来沉重的压力。

　　这里提供一个应对客户抱怨的解决方案：

　　第一步，冷静、再冷静，心中默念：上帝永远是正确的。

　　第二步，分辨客户抱怨中的实质性成分与情绪性成分。

　　第三步，专注地倾听，让客户尽情发泄，并将重点内容作记录。

　　第四步，了解客户要求的底线。

　　第五步，感谢客户的批评，申明这是对本公司、本人的厚爱。

　　第六步，提出一步到位的解决方案。

　　第七步，与客户共同探讨这一方案。

　　第八步，根据客户抱怨，反思自己的工作。

　　特别提醒：与客户平时在无功利目的状态下的交往与沟通至关重要。

七 应对压力事件

人际冲突

期待人与人之间不发生冲突是天真的幻想。

——心理学家语

在职场，让人闹心的不仅是"事"，还有"人"。角色模糊、授权不清，同事间的利益冲突，部门间的本位主义……都可能引发形形色色的人际冲突。

同事关系相处的基本信条应是：

- 恪守"交互原则"，即投之以桃，报之以李。
- 准确把握好自己的角色，说该说的话，做该做的事。
- 不说同事坏话，最好也不要知道他人隐私。
- 绝不试图和同事成为亲密朋友，因为随时可能出现的利益冲突很容易让人反目。

减压其实很简单

应对"蛮横"的上司

理解上司。你觉得所提要求合情合理，但上司考虑问题的角度和你不一样。他莫明其妙地训斥你一顿，也许是他刚受了领导的气，你正好撞到了枪口上。另外还得体谅上司，他的压力通常比你大，甚至大得多。

把上司训话中实质性指示部分记下来，蛮横部分左耳进右耳出。

把上司的蛮横当成一块磨刀石，磨砺自己的忍耐力。

利用放松暗示减压技术中的后暗示方式："每当上司莫明其妙训斥我的时候，我只要把桌上的废纸撕碎，再扔到垃圾桶里，一切就烟消云散了……"

应对"鬼心眼"的同事

同事关系，永远是一种"竞合关系"。既然有竞争，就免不了有人使点鬼心眼。不能以此做为和同事不合作的理由。

有同事耍花招时要让他知道你已识破但不要冤冤相报。

即使自己能力强也不要时时、处处占上风。会"示弱"的人

七 应对压力事件

并非弱者。

学会妥协,利用妥协。职场中不是所有的事都能搞得那么清楚。

经济压力

商品社会,物欲横流,人们对经济压力的感受最为深切。

——社会学家如是说

缓解经济压力最快捷的方式是天上掉下一大笔钱(比如中彩票),能够完全满足你的所有物质需求。这通常是南柯一梦。

其实我们的基本温饱问题已经解决了,只是更高级的物质需求一时没有得到满足。

人的需求可分为合理的与不合理的。

合理的需求再分为现实的与不现实的。

合理而现实的需求又分为近期可实现的、中期可实现的、远期可实现的。

把你的所有物质需求做一个清单,根据你现时的收入与职业发展前景,把清单上的物质需求分别列入以上分类中最恰当的位置。不合理的把它剔除掉,太遥远的事现在就别去操心。从近期可实现的需求开始,一项一项地去努力、去奋斗吧!

遭遇挫折

> 人生不如意之事十之八九。
>
> ——民间俗语

职场挫折在所难免。比如事情搞砸了，到年头了升不了职，受人嫉妒、受人排挤……多了去了！所有这些事件都会引发人的压力感。

应对挫折事件，我们给出以下建议：

挫折是人生的必然经历，也是必要经历。

挫折并非全然是坏事。有时，你下不了决心的事它帮你办了，比如你早有跳槽、转行的想法，可总是左顾右盼。这次裁员刚好有你，也许就是你的一个转机。

不以看破红尘的说法自欺欺人，从挫折中崛起的才是好汉。

可不可以采取什么行动，把挫折造成的危害降到最低程度？

再看一看挫折事件中有没有什么可资利用之处？

在放松暗示减压技术的暗示步骤中释放不良情绪与压力感，并将有关理念与态度植入潜意识。

七 应对压力事件

恐怖情境

有些人的压力，来自于对特定职场情境的恐惧。如来到某个工作环境、见客户、在公开场合发表正式演讲……

——心理治疗学家如是说

这种压力叫情境压力。可采用"系统脱敏法"应对之。若在放松暗示训练状态下使用它效果会更好。下面以演讲恐惧为例说明之：

现在我处于愉悦的放松状态之中，深呼吸……感受身体的放松带来的内心最深刻的安静……感受面颊和身体的肌肉一寸寸地放松，想象自己最轻松时刻的感受，想象一下自己做过的成功的事情，体会当时自信的感觉……

在脑海里，我把自己的演讲恐惧程度按照高低分为四个等级。

一级——独自在家做一番讲话；

二级——在熟悉的环境里对朋友说一段感想；

三级——在陌生的环境里对熟人演说；

四级——在陌生的环境向陌生的人群发表演讲。

现在想象自己来到第一级情境中——家里，面对空无一人的房间，做一番激情澎湃的演讲。深呼吸……躯体不断放松，带来

减压 其实很简单

了精神上的放松，觉得能够从容自如地表现自己，这是很容易做到的……

接下来，来到了设想的第二级情境中——在熟悉的环境里对朋友说一段感想……当觉得紧张不安时，便把意识集中在体验肌肉的放松上，体会心理的平静，慢慢地，我不再紧张不安……

想象自己到达第三级情境中——在陌生的环境里对熟人演说……感觉到有一点不安全，但是还好，都是熟人，他们都认识我……慢慢地、渐渐地放松下来……

带着放松的心情来到了第四级情境中——在陌生的环境向陌生的人群发表演讲。看到周围的一切都不是我熟悉的，感到很不安全……我很紧张，一个字都说不出来。这时，想象自己退回刚才的第三级情境中，慢慢地深呼吸……感觉身体肌肉的放松……想象自己正在做一些增强自信的附加动作，如挺胸，放大说话声音，眼神坚定有力，想象自己精神奕奕，信心倍增……不断地暗示自己"想怎么说就怎么说，想说什么就说什么，不要顾虑别人的想法"。慢慢地，我觉得一切都很正常，没有什么是我害怕的……于是，我又回到第四级情境，带着放松的心情来想象自己的表现，发现自己跟平时一样，没什么大不了的……

八　减压生活方式

人活着必须要工作。

只有工作才能为社会创造财富，才能谋生，才能磨炼自己、发展自己。

但工作不是生活的全部。生活不是为了工作，而工作是为了生活。享受生活，本质上也是对工作的一种促进。

我们应做到：工作时像蚂蚁，生活时像蝴蝶。

以下介绍有利于缓解压力的种种生活方式。

泡澡

长期生活在工作压力下，人的神经末梢处于紧张状态，会感到头昏脑胀。在热水中泡个20分钟可使肌肉得到完全放松。血液流通全身，神经备感松弛。水的热量还能扩张你的血管、让你的血压下降，进而精神振奋、精力旺盛。如

减压其实很简单

再使用一些精油或芳香类的产品，放松效果会更好。

泡澡之余还可以做个按摩。按摩是种很好的放松手法。它可以减缓压力，放松焦虑的心情，减慢心跳的速度。按摩时若有点轻音乐就更好了。

按摩不光指全身按摩，足底按摩、修指甲或美容，都有异曲同工之效。

主动休息

疲劳会积累。感觉疲劳时，疲劳已经积累得相当深了，很容

八 减压生活方式

易造成身体透支。这时再去休息，就是被动休息。虽说是"亡羊补牢，犹未晚矣"，但"十补九不足"则是常态。

　　主动休息就是用一种主动的心态去应付疲劳。不是在疲倦袭来之后，而是在它到来之前，你已经进行过必要的休息了。比如说知道晚上要大干一番，晚饭后先睡上半个小时，这对于晚间的工作效率和保持良好的身体状况都大有裨益。

度假

　　研究发现，那些长达两年都没有度过假的人更容易得与压力有关的各种身心疾病。机器需要年检与大修，人怎么能没有呢？有假期时就要去用，这与虚度光阴全然不是一回事。

　　每四个月度一次假是一个比较好的选择。

　　度假的好处在于：放下一切烦事俗务，让心情得以放飞，让压力得以释放。还能因远离工作而反观工作，远离自己的角色而反观这一角色，这个拷问，仿佛一次剪除杂草的工作，让物种以自己的特色和优势全力成长。

　　如果度假对你来说是一份奢侈，那郊游一定是现实可取的。象春季踏青，夏季露营，秋季于落叶中散步，冬季于飞雪中寻梅；耗时不多，花钱不多，情趣多多，收获不菲。我们找不到什么拒绝、为难的理由。

减压其实很简单

购物

逛商店、购物对缓解压力有帮助。

购物时，从工作中服务于他人的角色转换为"上帝"，尊严感得到极大满足。

购物时，大多高度专注，对工作中的事便宠辱皆忘，有利于心态调整。

女性买到一件满意的衣服，很有点成就感，甚至能加强对自身形象直至整个自我的肯定。

有人说，在压力大、心情不好的时候，疯狂购物会出现非理性行为。按照弗洛伊德的说法，做出一些非理性的行为，也是对自身心理能量的一种释放。

打扮自己

打扮自己，不仅与形象有关，也与心情有关。

想象一下，当我们衣衫不整、蓬头垢面之时，我们会心情好吗？当我们穿得整整齐齐、清清爽爽之时，是否精神也为之一振？

注意自己的穿着打扮，尤其是心情不好的时候，不妨刻意打扮一下自己，对着镜子看一看自己的"光辉形象"。没准就能平添几分自信，平添几分与世抗争、与事抗争的勇气与力量。

女性这么做作用会更大。

八　减压生活方式

这种减压方式的另一种变式就是穿件旧衣服。

在工作压力大的时候，回到家中，穿上一条喜爱的旧裤子，再来件宽松的上衣，会给人一种如释重负之感。理由是，穿了很久的衣服会使人回忆起某一特定时空的感受，情绪也将为之高涨。

还有一种选择就是去理发。

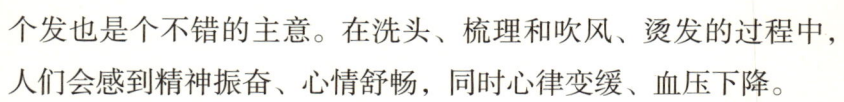

在情绪不佳的时候，去理个发也是个不错的主意。在洗头、梳理和吹风、烫发的过程中，人们会感到精神振奋、心情舒畅，同时心律变缓、血压下降。

理完发后，对着镜子看一看自己焕然一新的形象，会有一种顿释前嫌的感觉，虽然不能说压力就此消失，但好心情至少会持续一段时间。

交友

现代都市人往往都有个小圈子。三五个、六七个好朋友，常常都不是一个单位的。一两个星期聚一次，或品茶、或饮酒、或

减压其实很简单

打牌、或钓鱼、或休闲,没有目的、没有主题、没有功利,说往事、谈未来。话题不断跳跃,情感高度投入。一场聚会以后,大家都感到一阵轻松、一种释放、一种解脱,一切烦恼都置于脑后。散去以后,大家各奔前程,接下来便是对下一次聚会的期盼与向往。这种期盼与向往也是幸福的、令人陶醉的。

心理学家认为,朋友聊天是获得美好心情的一种有效而愉快的手段,是释放压力的绝好"窗口"。在这种场合大家都说真话,谁也不用提防谁,谁也不会笑话谁,谁对谁也不会有恶意,因为他们之间没有利益冲突。在这些朋友面前,可以尽情倾诉,无任何心理障碍。

对这种小圈子,我们应试图竭力营造;对这些朋友,我们应该格外珍惜。

参加运动

"生命在于运动",运动有利于"身",也有利于"心"。

就减缓压力而言,体育运动的好处有:

忘记烦恼。不管你的运动水平如何,只要你投入进去,必将进入宠辱皆忘的境界。你能一边打球,一边烦恼吗?不可能,想做也做不到。

愉悦心情。体育运动,特别是带有娱乐性的体育运动,会让

八 减压生活方式

我们变得很开心，比如说，一场篮球，会让我们的心情得到一次放飞。这种体验，经常运动的人都有过。

提高抗压能力。一位资深健身教练说：健身并不一定能减轻人们的压力，但一定能够提高人们的抗压能力。研究发现，经过约30分钟的自行车运动后，被测试者的压力水平下降了25%。

欣赏音乐

欣赏音乐，不仅体现修养、满足情趣，还具有减压功能。

音乐具有心理治疗与物理治疗双重功能。节奏感强、音调激越高昂的乐曲，可增强信心、振奋精神。节奏舒缓的乐曲，如印度古典乐曲、贝多芬的《第九交响曲》、中国的《梁祝》可使呼吸平稳、心跳规律、血压下降，有助于调整植物神经系统的功能，起到镇静安神的作用。

研究还发现，压力和紧张的情绪都会对人的心血管系统产生负面影响。而音乐不仅能够减轻人的紧张情绪，还能增强心血管疾病的治疗效果。此外，音乐还能帮助神经系统受损的患者在康复治疗过程中改善其运动功能。

减压 其实很简单

热爱家庭

家是人生最安全的港湾。

这个最温馨的地带是释放苦恼与压力的最佳场所。它的作用、功效，高明的心理咨询师也望其项背。

夫妻间的相互慰藉特别有助于人们获得心理平衡。性生活也能使身心得到很好的释放，能促进睡眠并提高质量。一次高质量的性生活，可以有效缓解压力。当然，做爱的原则应该是兴之所至，不能把它当成责任、当成任务、当成程式，如果是那样的话，做爱不仅不能缓解压力，可能还会成为一个新的压力源。

多与孩子亲近。孩子是我们生命的延续，是未来的希望，一生中那些不能实现的梦想都可以寄托在他们身上。在这一过程当中，也可以得到巨大的、无可替代的享受。当面对自己孩子那天真、纯洁而无忧无虑的脸庞之时，压力与烦恼都将消失无迹。

适度宣泄

宣泄是调适心态、缓解压力，从而保持心理健康的有效手段。这里介绍几种宣泄方法，不妨一试。

方法之一：哭

哭，作为一种纯真的情感爆发，是人的一种保护性反应，是

八　减压生活方式

释放体内积聚的神经能量、排出体内毒素、调整机体平衡的一种方式。美国生物学家福雷发现，一个人在悲痛时所流出的眼泪与伤风感冒或风沙入眼流出的眼泪，所含的化学成分也不同。一个人在正常哭泣时，流出的眼泪只有 100～200 微升，即使是一场号啕大哭，也只有 1～2 毫升。但在这些逐渐流出的眼泪中，含有一些能引起高血压、心率加剧和消化不良的生化物质，通过哭泣把这些物质排出体外。

在蒙受巨大压力的时候，在适当的时间、适当的地点、适当

的人面前，痛痛快快地哭一场，没什么不好，也没什么不可以。

方法之二：把压力、烦恼写出来

在一项实验中，心理学家让参加者表达出最使他们苦恼的情感。在实验中，参加者被要求连续5天，每天都用大约15分钟的时间写下自己"一生中最痛苦的经历"，或"当时最令人心烦意乱的事情"。这种自我表白的方法效果奇佳：参加者的情绪得到了很好的调整，因病缺勤的天数大大减少，免疫功能也有所增强。随后半年里去看病的次数大大减少，甚至肝功能也得到了改善。

方法之三：去"发泄吧"

听说过"发泄吧（出气室）"吗？

在那里，可以把想打的人痛打一顿，把想骂的人痛骂一番。（西方和日本的大企业提供这种场所。）

运动消气中心。中心有专业教练指导，教人如何大喊大叫、扭毛巾、打枕头、捶沙发等。还可以做一种运动量很大的"减压消气操"。在这个中心里，上下左右都布满了海绵，任人摸爬滚打，纵横驰骋。

美国一个专为白领人士服务的网站还曾建议白领可随身携

八 减压生活方式

带一个小皮球,郁闷的时候、要发火的时候,就狠狠地捏它一下。

方法之四:替代性发泄

去看拳击比赛、散打比赛、足球比赛。去看暴力片、恐怖片。这种替代性的发泄,也可有效地释放郁积在内心的心理能量。

良好的生活习惯

美国著名职业心理学家约翰·罗宾斯在其名著《颠覆压力》一书中指出,形成良好的生活习惯与态度,使身体避免过早磨损,承受压力的能力就会高得多。为此他提出了30条建议:

减压其实很简单

（1）早上早起30分钟，使头脑清醒过来，因为刚起床即冲进盥洗间，赶忙穿衣奔出门口，对身体绝无益处。最好从容地开始，一切都像掌握在手中般悠闲。

（2）没有把握的事最好不要做，一旦失败，挫折加上悔恨，是一种不易对付的压力。

（3）除了关乎道德和生命，不要说谎，以免因害怕露出破绽而存在压力。

（4）谨慎计划，每一次行动与说话都不会伤害别人的自尊心；不做犯罪的事，可减少担忧和不安。

（5）做定时身体检查，可避免许多突如其来的疾病。

（6）随身携带配备耳机的随身听或书籍，以备在等候公共汽车或其他事时，不因久候而感到苦恼不安。

八 减压生活方式

（7）晚上临睡前，准备好第二天要穿的衣服和物件，以免因忘带东西而狼狈。

（8）配有备用钥匙，放在亲友家中，这样万一遗失了钥匙，就不会感到狼狈和气恼。

（9）少用含咖啡因的刺激品，太咸或油腻的食物尽量减少，可减轻内脏机能的负担。

（10）不要乱放东西，对每一件东西的位置都记清楚，以免急用时引起慌乱。

（11）常自省己过，不要连自己也瞒骗。

（12）不要将痛苦化大，例如不愿出差，但事实既定，闷闷不乐只会加重压力。

（13）先把不喜欢的事情做妥，完成以后就会感到松一口气。

（14）不要记着昨天的不幸，只珍惜眼前的一切。

（15）不要将工作排得太密，应抽一些空闲时间，以便减轻压力。

（16）多与乐天的朋友交谈，少与多愁善感、无中生有的人谈论人生。

（17）每天一定要做一点自己喜欢的事情，例如打电话给朋友、看书、看录影带等。总之，一定要有一点真正属于自己的时间。

（18）不要强迫脑子记太多事情，用笔记记下可免混淆。

（19）早餐无论分量多少，也得进食，午餐亦是。

（20）穿得整齐、清洁、不落伍，予人较佳的印象。

（21）不要马虎淋浴，来个热水澡可松弛神经。

（22）不要买用不着的东西，也不要抱"人有我有"的心态，否则永远都不会满足。

（23）不要害怕与陌生人接触，对方同样有不安的感觉。

（24）对于不喜欢及不切实际的应酬，一概拒绝，别勉强自己做太多额外的事。

（25）不要自视过高，也不要看轻自己，应清楚自己的能力有多少。

（26）尽量在同一时间只做一件事。

（27）只想着顺利的事，例如"某天刚刚赶上公共汽车"，不记"某天误了班次"。

（28）今天可以完成的事，绝不留到明天。

（29）预备两个闹钟，以免因忘了换电池而太晚起床。

（30）尝试新鲜的活动，不要固执地停留在某项运动上。

后记

压力大,是当今社会的一种流行病。

别怨谁,也别怪谁,这是社会现代化必须付出的代价,这是在为个人物质生活日益舒适而埋单。

于是,近几年来,我受邀于政府部门、企事业单位,做了近百场有关压力管理的讲座。在与听众的交流中,我得到这样的信息:他们需要这方面的读物,但也受不了长篇大论与满嘴的专业术语。他们需要的是最简洁、最直接的方法,能够取得立竿见影的效果。

于是,这成了我写作本书的指导思想。拧干所有水分,除却晦涩术语,抛弃冗长说教,把最精华的内容、最有效的方法以条文的方式表现出来。每写一行字,都问一问自己,这有用吗?这有必要吗?能不能再简洁一些?能不能再明确一些?

于是,原先20多万字的初稿,变成了现今两万多字的定稿。字数减去了近十分之九,而我倒是对本书平添了几分自信。

非常期待与读者朋友共同探讨有关压力管理的话题。我的 QQ 号 1524488785。

是为后记！

启扬
2011 年 5 月